JN294658

動物のちえ ❹

眠(ねむ)るちえ
泳(およ)ぎながら眠(ねむ)るイルカ ほか

元井の頭自然文化園園長 成島悦雄 監修

動物にとって、眠ることは、とても大切です。
体や頭を、休みなく動かすことはできません。
眠らなければ、病気になるなどして、
ひどいときには、死んでしまうこともあります。

ライオンは、日差しが強い昼間や、たらふく食べたあとなどには、
木の下や、岩のかげなどで、のんびり眠って過ごします。

夜は、えものを追って狩りをするのに、体力をたくさん使うので、
昼間は、なるべく体力を使わずに、ごろごろして休むのです。

ライオンなどの大型の肉食動物は、ねらわれる心配が少ないので、
ときには、おなかをさらけ出し、ゆったりくつろいで眠ります。

ライオン

草原に群れでくらす。オスは群れを守り、メスは協力して、狩りや子育てをする。危急種。

分類 ● ほ乳類ネコ目（食肉目）ネコ科
体長 ● オス 1.7〜3m　メス 1.4〜2.5m
尾長 ● 0.9〜1.2m
体重 ● オス 150〜250kg　メス 120〜180kg
食べ物 ● ガゼル、シマウマなど
生息環境 ● 草原　分布 ● アフリカ、インド

敵から身を守って眠るちえ

動物が生きていくためには、毎日ちゃんと、眠ることが必要です。
しかし、眠っている間は、素早く動くことができないので、
敵におそわれて、食べられてしまう危険があります。
そこで動物は、ちえをしぼり、敵から身を守って眠ります。

スズメや、セキレイなどの小さい鳥は、
タカやフクロウ、ヘビなどの敵に、いつもねらわれています。
眠くなったからといって、場所を選ばずに眠ってしまうと、
たちまち敵におそわれて、食べられてしまうでしょう。

そこで、小さい鳥のなかには、ちえを使うものがいます。

駅やお店など、夜になっても人の出入りが多い建物のそばにある、
木の枝などにとまって、集団で眠るのです。

人間が生活している場所には、敵もかんたんには近づけません。
それに、集団でいれば、敵もどこからおそっていいか、
わからないので、もっと安心です。

タイリクハクセキレイ

長い尾羽をたえず上下にふっているのが特徴。昼間はおもに1羽で活動する。
日本にすんでいるハクセキレイは、タイリクハクセキレイの亜種。

分類●鳥類スズメ目セキレイ科　全長●18〜22cm　体重●20〜35g
食べ物●昆虫など　生息環境●水辺、市街地、農耕地
渡りをする個体の分布●ユーラシア大陸〜アイスランド（■子育ての場所）、アフリカ〜東南アジア（■冬ごしの場所）
渡りをしない個体の分布●ヨーロッパ〜アジア、日本（■）

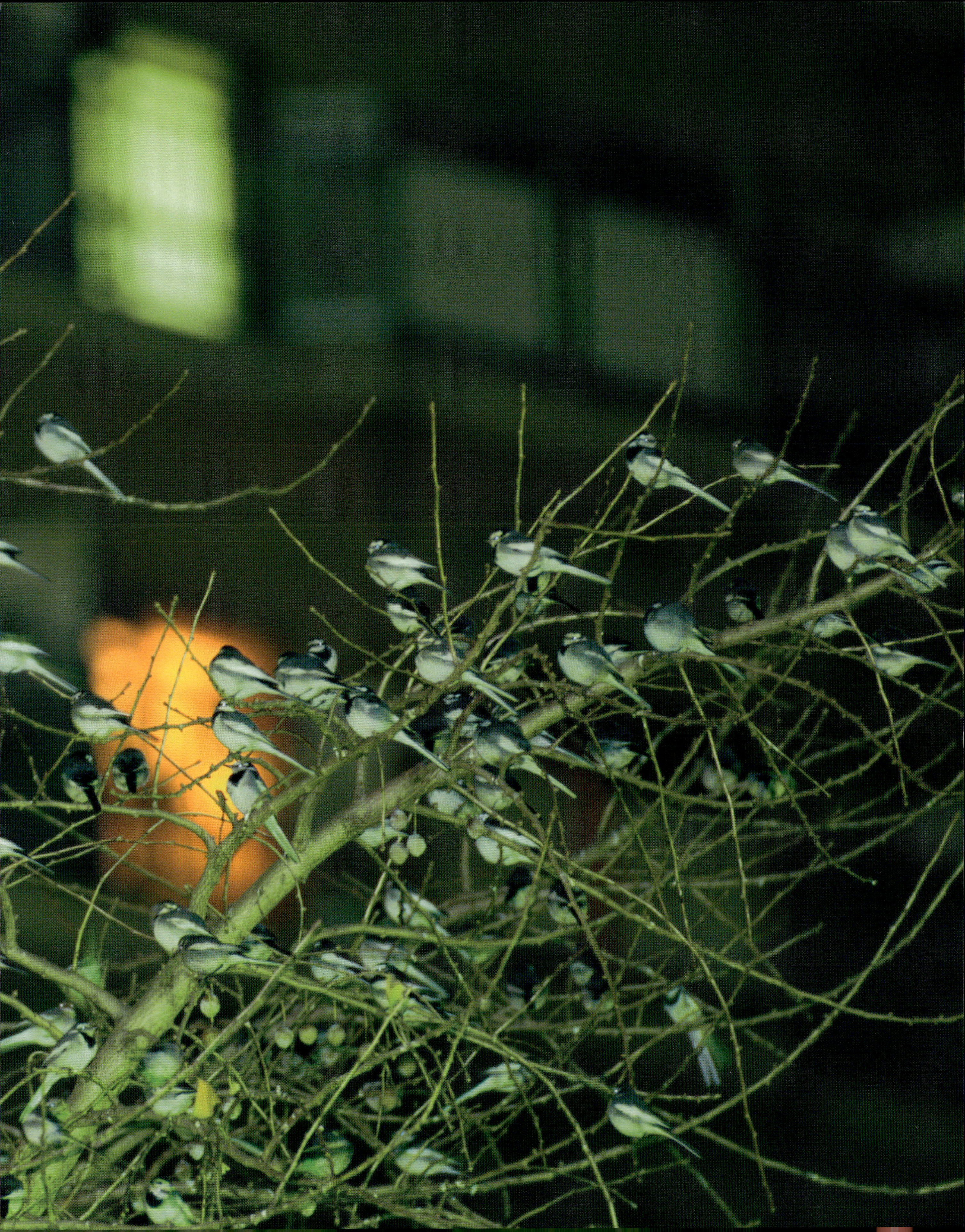

多くの魚は、目にまぶたがないので、
目は開いたままですが、
毎日ちゃんと、眠っています。

キュウセンは、海底の砂地でくらす魚。
海の底にも、えものをさがしまわる敵が
たくさんいます。

そこでキュウセンは、ちえをしぼります。

キュウセン

メスの体には黒い線が2本ある。オスの体の黒い線は
めだたず、胸びれより後ろに青色のはん点模様がある。
冬は長い期間、砂にもぐって冬眠する。

分類 ● 魚類スズキ目ベラ科
全長 ● 約34cm
食べ物 ● エビやカニ、貝など
生息環境 ● 小石の混じった砂底
分布 ● 日本海（北海道南部〜九州）〜南シナ海

海底の砂にもぐって、眠るのです。

日がくれて、海の中が暗くなるころ、キュウセンは眠る場所をさがしはじめます。
そして、いい場所を見つけると、砂に頭をつっこんで、体を大きく波うたせ、
あっという間に砂にもぐりこみます。

全身をすっぽり砂の中にもぐりこませていることもあれば、
頭や体の一部を砂から出していることもあります。
とにかく、これでキュウセンは、敵に見つかりにくくなり、安心して眠ることができます。

ブダイは、暖かい海にすむ魚。
昼間はサンゴ礁を泳ぎまわり、
夜は海底の岩場で眠ります。

大きな魚ですが、油断すると、
ブダイのにおいをかぎつけた
イカなどの敵におそわれて、
食べられることもあります。

なかでも、眠っているときは、
いちばん危険です。

そこでブダイは、
ちえをしぼりました。

ハゲブダイ

歯どうしがくっつき、鳥のくちばしのように
なっている。死んだサンゴについている藻を、
かじり取って食べる。

分類 ● 魚類スズキ目ブダイ科
全長 ● 約30cm　食べ物 ● 藻など
生息環境 ● サンゴ礁
分布 ● インド洋〜太平洋、日本（駿河湾以南）

夜になると、海底の岩かげに降りていき、
体の表面から、ぬるぬるの透明な液を出して、
自分の体を丸ごと包んでしまうのです。

これは、自分の体のにおいが海中に流れて
出ないようにするためと考えられています。

特製の寝ぶくろの中で、
ブダイは、安心して眠ることができます。

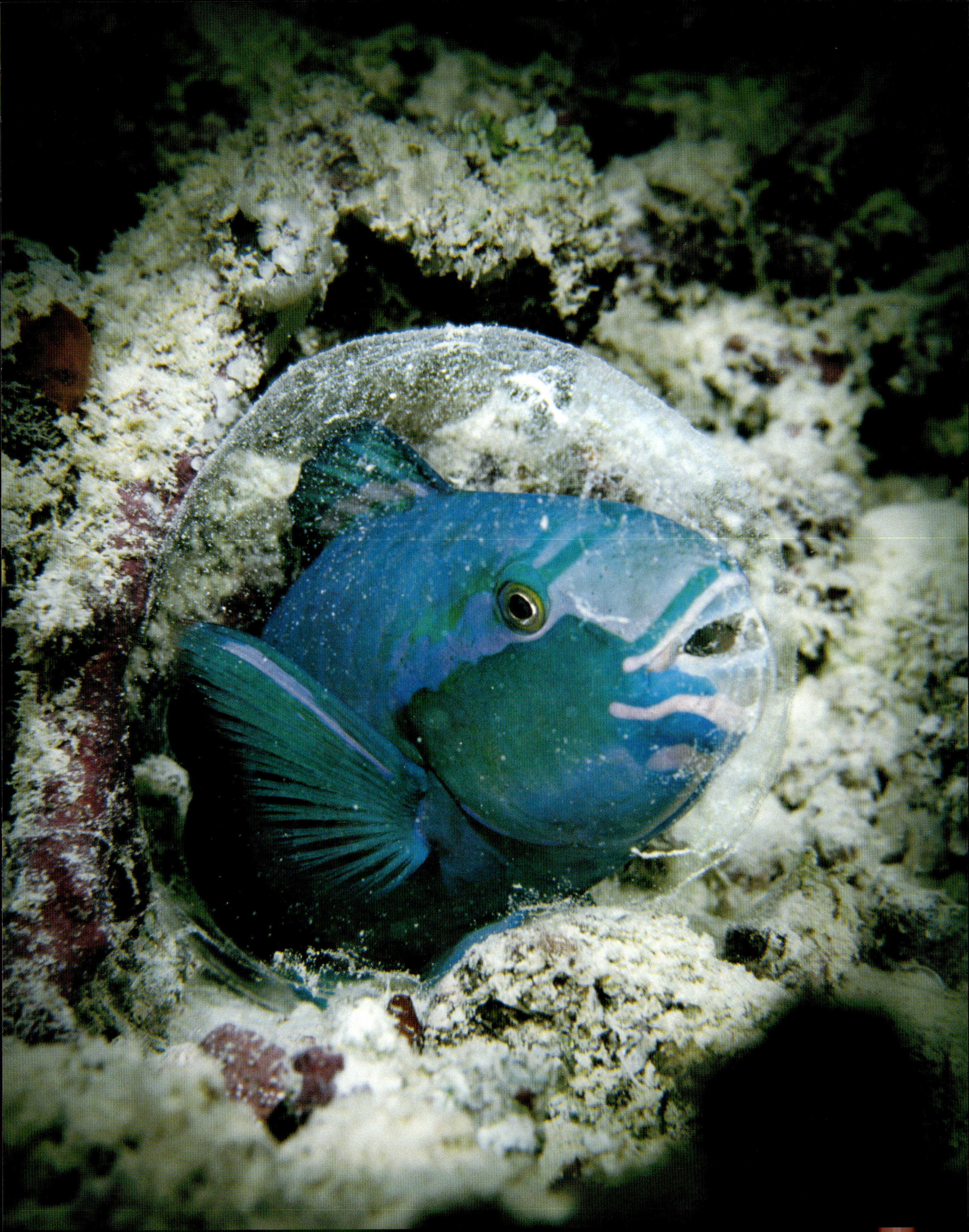

安心して眠るちえ

動物にとって、眠っている時間は、とても危険。
たとえ敵がいなくても、なにかが起こったとき、
すぐに動くことができないからです。
そこで動物たちは、安心して眠るために、
さまざまなちえをはたらかせます。

イルカは、海の中を泳いでくらしています。
しかし、魚ではなく、人間と同じほ乳類なので、
呼吸をするときは、頭の上にある鼻の穴を
水面から出して、空気を取りこみます。
そのため、海の中で完全に眠ってしまうと、
おぼれて死んでしまいます。

そこでイルカは、ちえを使います。

左の脳と右の脳を交代で休ませて、
どちらかの脳は起きているようにすることで、
泳ぎながら眠るのです。

左の脳を休ませているときは、右目を閉じていますが、
右の脳が起きていて、左目は開いています。
右の脳を休ませているときは、左目を閉じていますが、
左の脳が起きていて、右目は開いています。

イルカが眠るときは、
これを順番にくりかえしているので、
ときどき水面から鼻の穴を出して、
呼吸をすることができます。

ミナミハンドウイルカ

ほかの種類のイルカとともに、15頭ぐらいから数百頭もの群れをつくる。成長すると、体にはん点の模様が出てくる。

分類 ● ほ乳類クジラ目マイルカ科
全長 ● 約2.6m　体重 ● 約230kg
食べ物 ● 魚やイカなど
生息環境 ● 熱帯～温帯の沿岸
分布 ● インド洋～西太平洋、日本（西日本以南）

ラッコは、冷たい北の海にすむ動物です。
貝などを取るときには、海にもぐりますが、ふだんは、海面にあお向けにうかんで過ごします。
でも、そのまま眠ってしまうと、潮の流れで遠くまで流されてしまうでしょう。

そこでラッコは、ちえをしぼります。

ラッコ

冷たい海水につかっていても、分厚い体毛が海水に入りこむのを防ぐので、体温を保つことができる。絶滅危惧種。

分類 ● ほ乳類ネコ目（食肉目）イタチ科
体長 ● 1.2〜1.5m　尾長 ● 25〜37cm
体重 ● 15〜45kg
食べ物 ● 貝、エビ、イカ、ウニ、魚など
生息環境 ● 冷たい海
分布 ● 北太平洋沿岸

海底から海面まで長くのびる、じょうぶな海そうを、ぐるぐると体に巻きつけて眠るのです。

これなら、眠っている間に、遠くの海まで流されてしまうこともありません。

潮の流れは、海面だけでなく、海の中にもあります。
魚たちも、眠っている間に流されてしまわないよう、
いろいろと、ちえをはたらかせています。

アオサハギは、海そうにかみついてつかまり、
眠ります。
これなら、潮に流されることはなさそうです。

アオサハギ

日本近海の、水深30メートルぐらいまでの浅くて暖かい海にすむ。平たい体をしている。

分類 ● 魚類フグ目カワハギ科　全長 ● 約10cm
食べ物 ● 小型のエビやカニ、海そうなど
生息環境 ● 海そうが生える岩場など
分布 ● 日本（神奈川県〜長崎県の太平洋岸）

ナンヨウハギは、サンゴや岩のすきまで眠ります。
こちらも、安心して眠ることができそうですね。

ナンヨウハギ

群れでくらす。サンゴ礁の外側の、流れの速いところでよく見られ、青い体の色がめだつ。

分類●魚類スズキ目ニザダイ科　全長●約31cm
食べ物●動物プランクトン、海そう
生息環境●サンゴ礁
分布●インド洋〜西太平洋、日本（高知県以南）

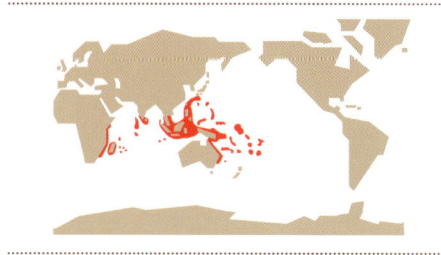

タンチョウは、寒い地方でくらす鳥。
日本では、北海道にすんでいます。

多くの鳥は、眠るとき、首を後ろに曲げて、
くちばしを背中の羽毛の間に入れます。
これは、冷たい空気にふれる部分を少なくして、
体温がにげるのを防ぐためです。

タンチョウも、やはりそうして、立って眠ります。
しかし、体からつき出た長い足に冷たい空気が
当たって、そこから体温がどんどんにげそうです。

そこでタンチョウは、ちえをしぼります。

片足を折りまげて、おなかの羽毛の間に入れ、
残った1本足で、器用に立って眠るのです。
これで、足からにげる体温は、半分に減ります。

タンチョウ

頭のてっぺんには羽毛がないので、赤い皮ふが見えている。絶滅危惧種。

分類 ● 鳥類ツル目ツル科
全長 ● 約140cm　体重 ● 6.3〜9kg
食べ物 ● 草の葉、芽、種子、根、昆虫、魚など
生息環境 ● 湿原、農耕地
渡りをする個体の分布 ● ロシア(■子育ての場所)、中国・朝鮮半島(■冬ごしの場所)
渡りをしない個体の分布 ● 日本(北海道東部)(■)

食べるために眠るちえ

動物にとって、眠ることは、とても大切なことですが、
食べることも、同じくらい大切。
そこで、眠りが食べることの助けになるように、
ちえをしぼる動物もいます。

木の上でくらすオランウータンは、
森にたくさんある木の実のなかから、
ちょうど食べごろになった実を選んで、
食べています。

ところが、食べごろの木の実は、
広い森の中のあちこちにあるので、
それをのがさず食べるためには、
移動しつづけなければなりません。
そうすると、眠るために毎日、
決まった巣までもどるのはたいへん。

そこでオランウータンは、
ちえを使います。

決まった巣をもたないで、毎日、夕方にたどりついた木の上に、
ひと晩だけ眠るためのベッドをつくるのです。

ベッドは、手がとどくところにある太い枝を折りたたんでから、
すきまに細い枝や葉っぱを差しこんで、ふかふかにつくります。

ボルネオオランウータン

地面にほとんど降りずに木の上でくらす。ふだんは地上から10〜25メートルの高さにいるが、眠るときには敵が登ってこられない30〜40メートルの高さまで移動する。絶滅危惧種。

分類 ● ほ乳類サル目（霊長目）ヒト科
体長 ● オス約97cm　メス約78cm
体重 ● オス78〜82kg　メス約37kg
食べ物 ● 果実、若葉、樹皮、昆虫など
生息環境 ● 熱帯雨林
分布 ● 東南アジア（ボルネオ島）

　オランウータンはこうして、毎日ちがう木の上のベッドで、ぐっすり眠ります。

　これで、オランウータンは、森の中を移動しつづけても、眠るために、巣までの長い道のりをもどらなくてもすみます。

ナマケモノは、熱帯の森にすんでいて、
一生のほとんどの時間を
木にぶら下がって、くらしてしています。
動きもにぶく、いつも眠ってばかり。

でも、なまけているわけではありません。
ナマケモノは、もともとが、
なるべく体力を使わないようにして
生きる動物なのです。

ナマケモノの食べ物は、
森に生えている、いろいろな木の葉っぱ。
なかでも「セクロピア」という木は、
森にたくさん生えていて、
かんたんに見つけることができます。

でも、セクロピアの葉には毒があります。
そのうえ葉が分厚いので、消化して、
栄養を吸収するのには、体力が必要です。

そこでナマケモノは、ちえを使います。

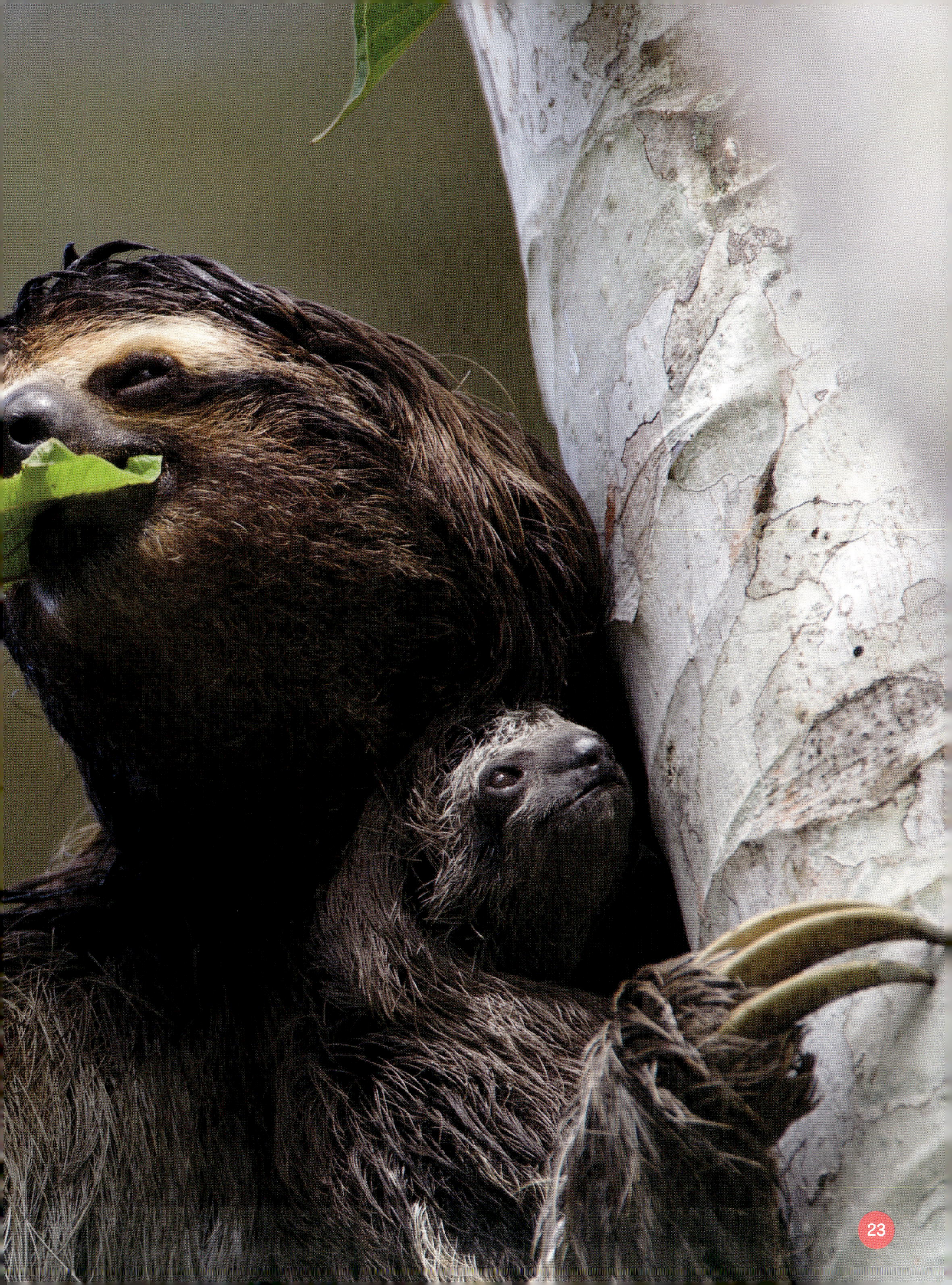

ナマケモノは、眠るまえに、
葉を数枚だけ食べるのです。

毒のある葉や、かたい葉でも、少ない量を、
眠っている間に、長い時間をかけて消化すれば、
体力をあまり使わずに、栄養を
吸収することができます。

ノドチャミユビナマケモノ

1頭でくらす。眠るときには木の高いところまで登り、大きなつめで木の枝にぶら下がる。およそ1週間に1回、ふんをするために木を降りる。

分類 ● ほ乳類アリクイ目（貧歯目）ミユビナマケモノ科
体長 ● 40～77cm　尾長 ● 5～9cm
体重 ● 2.3～5.5kg
食べ物 ● 木の葉　生息環境 ● 熱帯雨林
分布 ● 中央アメリカ～南アメリカ

ゾウの食べ物は、植物の葉です。
葉には栄養が少なく、体の大きい
ゾウが生きていくには、
葉を大量に食べなければなりません。

そこでゾウは、ちえを使います。

眠る時間を減らして、その分を、
葉を食べる時間にあてるのです。

そのためゾウは、1日のうち、
3時間ほどしか眠りません。

しかもゾウは、その短い時間も、深くは眠りません。いくら体の大きいゾウでも、眠っている間に、敵におそわれてはたいへんなので、敵が近づいていないか、いつも用心して、うとうとするだけなのです。

おとなのゾウは、立ったまま眠ることもあります。

アジアゾウ

アジアにすむゾウで、アフリカゾウより体がひとまわりほど小さい。かたい葉を消化するための大きな胃をもつが、消化するのに2日半もかかる。絶滅危惧種。

分類●ほ乳類ゾウ目（長鼻目）ゾウ科
体長●5〜6.4m　尾長●1.2〜1.5m
体重●オス最大で5.4t　メス2〜3t
食べ物●葉、枝、樹皮、根
生息環境●森林や草原
分布●インド、東南アジア

夏に長く眠るちえ

夏は、気温が高くなり、場所によっては、かわいた日が続く季節です。
動物のなかには、夏の間、長い期間、眠って過ごすものがいます。
これは、むだな体力を使わないようにして、生きにくい時期を乗りこえるちえです。
夏の長い眠りを「夏眠」といいます。

雨の日に動きまわるカタツムリは、
祖先が、水中でくらす貝のなかまです。
そのため、体がかわくのは苦手。
夏の、焼けるような暑い日に
動きまわっていたら、かわいて、
死んでしまうでしょう。

そこでカタツムリは、ちえをしぼります。

からの中に体を入れ、からの口の部分に
まくを張って、何日も眠りつづけるのです。

眠っている間に、
体はかわいて小さくなりますが、
雨が降って、しめり気が多くなったり、
すずしい夜に、夜つゆが降りたりすると、
からの外に体を出して、動きだします。

体の表面から水分をじゅうぶんに吸収すると、
もとどおりの大きさになります。

ミスジマイマイ

日本だけにすむ。夏は夏眠し、寒くて空気のかわく冬も、からの口にまくを張って、冬眠する。まくには、呼吸をするための穴があいている。

分類 ● 軟体動物腹足類オナジマイマイ科
殻径 ● 約3.5cm
食べ物 ● 枯れ葉など
生息環境 ● 平地〜山地の森林
分布 ● 日本（千葉県〜静岡県）

ミズタメガエルは、数年間にわたって雨の降らないこともある、
オーストラリアの砂漠にすんでいます。
そのような、からからにかわいた土地で、うろうろしていたら、
体がひからびて、死んでしまうでしょう。
しかし、砂漠にも、ときには大量の雨が降ることがあります。

そこでミズタメガエルは、ちえを使います。

まず、皮ふの下や内臓に雨水をたっぷりためて、ぶくぶくにふくらみます。
その後、深い穴をほって地下にもぐると、皮ふから出した、ぬるぬるの液で、
体をすっぽり包んでしまいます。そして次の雨まで、長い期間、眠るのです。

これで1年や2年は、なんとか、ひからびずに生きていけそうです。

やがて、待ちに待った大雨が降ると、それを合図に、
ミズタメガエルは長い眠りから目を覚まし、
体を包んでいるまくをやぶって、地上に出てきます。

からからにかわいた砂漠にも、大雨のおかげで、
数日から1週間ぐらいの間は、水たまりができます。
ミズタメガエルは、その浅い水たまりに卵を産みます。
卵はすぐかえり、おたまじゃくしもぐんぐん成長します。

やがて、降った大雨がすっかりかわくころには、
親ガエルも子ガエルも、それぞれ深い穴をほって
地中にもぐり、次の雨まで、長い眠りにつきます。

ミズタメガエル

1メートルほどの深さまで穴をほって地中にもぐる。1回に産む卵は500個ほど。

分類 ● 両生類カエル目（無尾目）アマガエル科
体長 ● 4〜6cm
食べ物 ● 昆虫など
生息環境 ● 砂漠
分布 ● オーストラリア

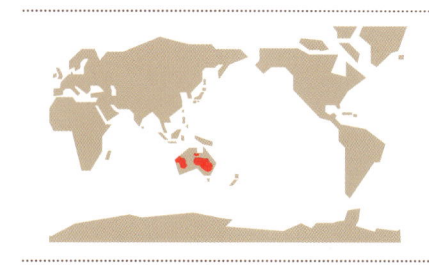

!

冬に長く眠るちえ

冬は、寒さがきびしく、食べ物が少ない季節です。
動物のなかには、冬の間、
長い期間、眠って過ごすものがいます。
これも、「夏眠」と同じように、
なるべく、むだな体力を使わないようにして、
生きにくい時期を乗りこえるちえです。
冬の長い眠りを「冬眠」といいます。

ヤマネは、森にすむネズミのなかま。
草や木の葉などの植物を食べて、くらしています。
しかし、冬には、草や木の葉はすっかり枯れ落ちて、
食べ物はほとんどなくなってしまいます。

そこでヤマネは、ちえを使います。

ヤマネは、冬がくるまえに、食べ物をたくさん食べて、
体に栄養をたっぷりたくわえます。
そして、とうとう冬がくると、地面の落ち葉の間や、
木にあいた穴などで、長い眠りにつくのです。

眠るときには、体を丸め、しっぽを体に巻きつけます。
体からにげる熱を、できるだけ少なくするためです。

ヤマネはふつう、冬眠している間、目を覚ましません。
体にたくわえた栄養だけで、冬をこします。
やがて春がきて、草や木が芽ぶくころに、目覚めます。

ヨーロッパヤマネ

昼間は眠って過ごし、夜に食べ物を求めて動きまわる。枝の下側を逆さまになって走ることができる。

分類●ほ乳類ネズミ目（げっ歯目）ヤマネ科
体長●6～9cm　尾長●5.5～7.5cm
体重●15～40g
食べ物●果実、種子、芽など
生息環境●森林
分布●ヨーロッパ、西アジア

アメリカグマも、ヤマネと同じように、
冬がやってくるまえに、
木の実や、川のサケをたらふく食べて、
体に栄養をたくわえます。

食べ物の少ない冬に、
できるだけ体力を使わないよう、
眠って過ごすための準備です。

やがて、アメリカグマは、
あたりが雪でおおわれるまえに、
大きい岩の下や、大木の根もとにあいた
穴などにもぐりこみ、冬眠します。

アメリカグマのメスは、
ここで、ちえをはたらかせます。

アメリカグマ

アメリカクロクマともいう。体毛の色は黒から茶色、白までいろいろある。木登りが得意で、ふだんは1頭で生活する。

分類 ● ほ乳類ネコ目（食肉目）クマ科
体長 ● 1.3〜1.8m
体重 ● オス100〜270kg　メス50〜140kg
食べ物 ● 果実、芽、根、はちみつ、昆虫、魚など
生息環境 ● 森林　分布 ● 北アメリカ

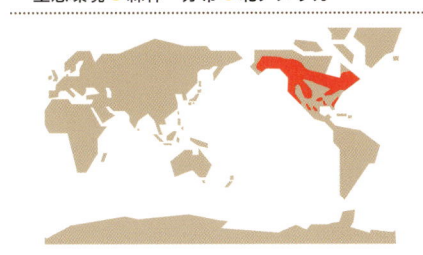

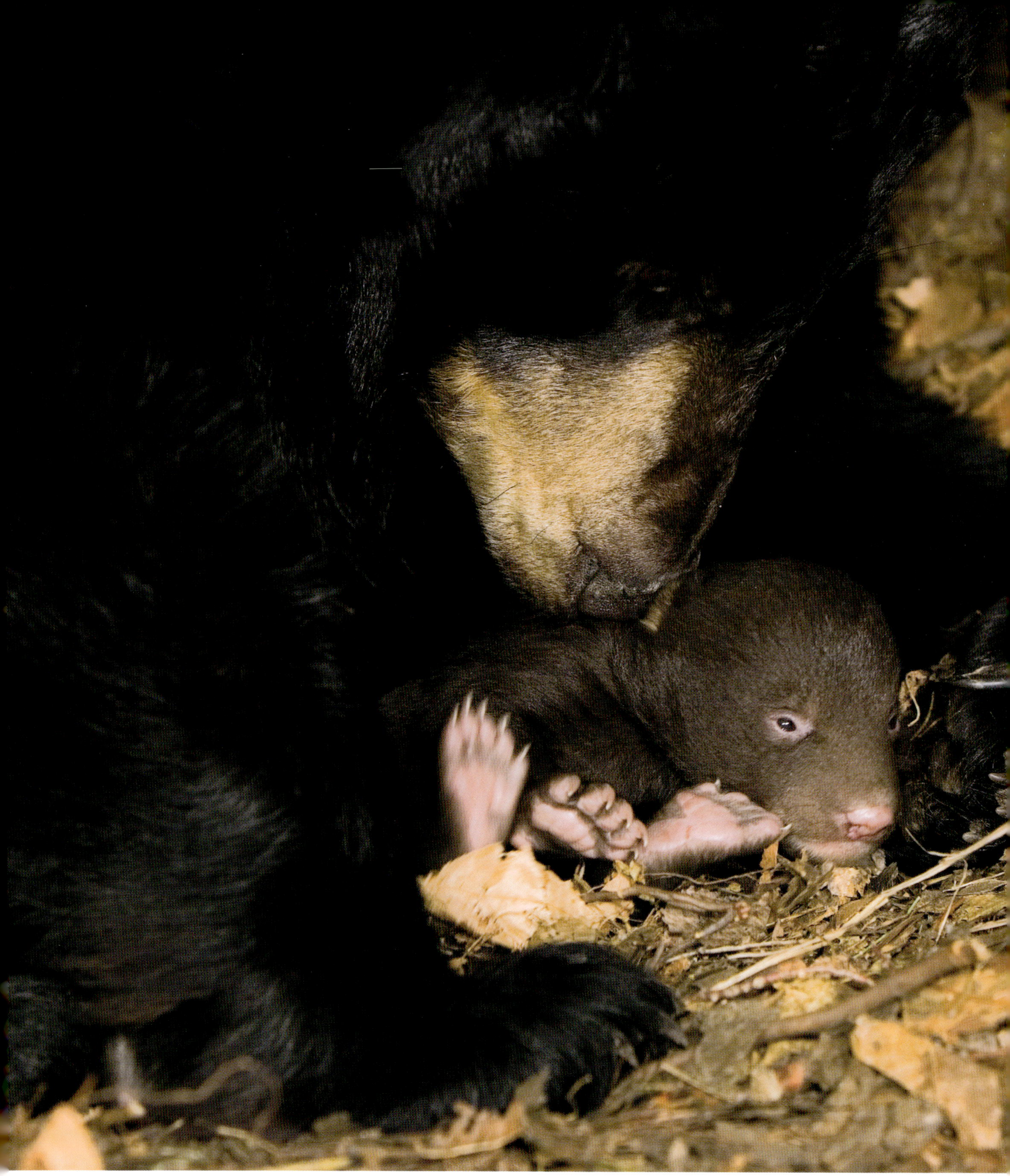

冬眠中に、1〜3頭の赤ちゃんを産んで、
体にたくわえた栄養だけを使って
赤ちゃんに乳をやり、育てるのです。

そうすれば、赤ちゃんは、
元気よく動きまわれる子グマに育ってから、
ちょうど若葉などの食べ物が豊富な春に、
巣穴から出てくることができます。

アメリカグマの親子は、
冬眠から目覚めたあとも、1年半ほどの間、
場合によっては2年半ほどの間、
いっしょに過ごします。
子グマは、母親のそばで、
食べられる物や、危険な物など、
生きていくのに必要なことを学びます。

そして、ふたたび、秋がめぐってくると、
アメリカグマの親子は、体に栄養をたくわえてから、
やがて同じ巣穴に入り、いっしょに冬眠します。

動物たちは、生きのびるために、
いっしょうけんめい、ちえを使って、
今日も眠っています。

動物の眠るちえ

みなさんは、1日にどのくらいの時間眠りますか。人間の赤ちゃんは、18時間ほども眠ります。ほとんど一日じゅう眠っていることになりますね。睡眠時間は成長するにつれて短くなり、小学生で8～9時間、大人では7～8時間くらいでしょうか。

人間もふくめた動物は、眠ることで体が休まり、ふたたび元気に活動する準備が整えられます。体のけがや病気を治すはたらきも、眠っている間におこなわれます。また、子どもでは、眠っている間に成長ホルモンが出て、成長がうながされます。

さらに、人間では、じゅうぶんに眠ることができないと、じっくり考えることができなくなり、幻覚を見るなど、心や頭への悪い影響も現れはじめます。

動物にとって、眠ることはとても大切です。しかし、眠ると意識がなくなるので、危険なことがたくさんあります。たとえば、食べようとおそってくる敵が近づいても、気づくことができません。また、海にうかんでくらす動物なら、潮の流れでいつのまにか遠くまで流されてしまうかもしれません。自然のなかで眠ることには、命を落とす危険がともなうのです。

そこで動物は、安全な場所で眠る、身を守るカプセルをつくってその中で眠る、群れで集まって眠り、早く危険に気づいたものがなかまに知らせるなど、いろいろなちえをはたらかせます。草食動物のほうが肉食動物より睡眠時間が短いのも、身の安全を守るためと考えられています。

暑く乾燥した夏や、寒い冬を、ずっと眠って過ごす動物もいます。それぞれ、夏眠、冬眠といいます。これらも、暑さや寒さ、乾燥から体を守り、くらしにくい時期を生きのびるために、それぞれの動物が手に入れた「ちえ」といえるでしょう。

成島悦雄（元井の頭自然文化園園長）

敵の少ない木の上で眠るニホンリス。

監修
成島悦雄（なるしま・えつお）
1949年、栃木県生まれ。1972年、東京農工大学農学部獣医学科卒。上野動物園、多摩動物公園の動物病院勤務などを経て、2009年から2015年まで、井の頭自然文化園園長。著書に『大人のための動物園ガイド』（養賢堂）、『小学館の図鑑NEO 動物』（共著、小学館）などがある。監修に『原寸大どうぶつ館』（小学館）、『動物の大常識』（ポプラ社）など多数。翻訳に『チーター どうぶつの赤ちゃんとおかあさん』（さ・え・ら書房）などがある。日本動物園水族館協会専務理事、日本獣医生命科学大学獣医学部客員教授、日本野生動物医学会評議員。

写真提供……………ネイチャー・プロダクション、Minden Pictures、Nature Picture Library
ブックデザイン……椎名麻美
校閲…………………川原みゆき
製版ディレクター…郡司三男（株式会社DNPメディア・アート）
編集・著作…………ネイチャー・プロ編集室（三谷英生・佐藤暁）

※この本に出てくる動物の名前は、写真で取り上げている動物に合わせて、種名、亜種名、総称など、さまざまな表記をしています。
※この本に出てくる鳥の分類は、『日本鳥類目録 改訂版第7版』（2012年、日本鳥学会）を参考にしています。
※この本に出てくる動物のなかには、絶滅のおそれがある動物もいます。本書では、国際自然保護団体である国際自然保護連合（IUCN）の作成した「レッドリスト2013」（絶滅のおそれのある野生動植物リスト）をもとに、絶滅の危険性の度合いの高いものから、順に「近絶滅種」「絶滅危惧種」「危急種」として紹介しています。
※渡り鳥の分布は3色に色分けされていますが、色分けは目安で、実際の分布と同じではありません。

分類 ● 特徴がにた動物をまとめて整理したもの　　全長 ● 体長と尾長を足した長さ　　体長 ● 頭から尾のつけ根までの長さ
尾長 ● 尾のつけ根から先までの長さ　　体重 ● 体全体の重さ（尾長と体重は、データをのせていないものもあります）
殻径 ● 殻の直径　　食べ物 ● おもな食べ物　　生息環境 ● くらしている自然環境　　分布 ● くらしている地域

動物のちえ ❹
眠るちえ 泳ぎながら眠るイルカ ほか
2014年3月 1刷　2021年12月 5刷

編　著	ネイチャー・プロ編集室
発行者	今村正樹
発行所	株式会社 偕成社
	〒162-8450　東京都新宿区市谷砂土原町3-5
	☎（編集）03-3260-3229　（販売）03-3260-3221
	http://www.kaiseisha.co.jp/
印　刷	大日本印刷株式会社
製　本	東京美術紙工

© 2014 Nature Editors
Published by KAISEI-SHA, Ichigaya Tokyo 162-8450
Printed in Japan
ISBN978-4-03-414640-8
NDC481　40p.　28cm

※落丁・乱丁本は、おとりかえいたします。
本のご注文は電話・ファックスまたはEメールでお受けしています。
Tel: 03-3260-3221　Fax: 03-3260-3222　E-mail: sales@kaiseisha.co.jp